BEI GRIN MACHT SICH IHR WISSEN BEZAHLT

- Wir veröffentlichen Ihre Hausarbeit,
  Bachelor- und Masterarbeit

- Ihr eigenes eBook und Buch -
  weltweit in allen wichtigen Shops

- Verdienen Sie an jedem Verkauf

Jetzt bei www.GRIN.com hochladen
und kostenlos publizieren

Bibliografische Information der Deutschen Nationalbibliothek:

Die Deutsche Bibliothek verzeichnet diese Publikation in der Deutschen National-
bibliografie; detaillierte bibliografische Daten sind im Internet über http://dnb.d-
nb.de/ abrufbar.

Impressum:

Copyright © 2006 GRIN Verlag, Open Publishing GmbH
Druck und Bindung: Books on Demand GmbH, Norderstedt Germany
ISBN: 9783638848817

Dieses Buch bei GRIN:

http://www.grin.com/de/e-book/60622/high-tech-cluster-in-nordamerika

Michael Baur

High-Tech Cluster in Nordamerika

GRIN Verlag

GRIN - Your knowledge has value

Der GRIN Verlag publiziert seit 1998 wissenschaftliche Arbeiten von Studenten, Hochschullehrern und anderen Akademikern als eBook und gedrucktes Buch. Die Verlagswebsite www.grin.com ist die ideale Plattform zur Veröffentlichung von Hausarbeiten, Abschlussarbeiten, wissenschaftlichen Aufsätzen, Dissertationen und Fachbüchern.

Besuchen Sie uns im Internet:

http://www.grin.com/

http://www.facebook.com/grincom

http://www.twitter.com/grin_com

Universität zu Köln

WIRTSCHAFTS- UND
SOZIALGEOGRAPHISCHES
INSTITUT

Wirtschafts- und
sozialwissenschaftliche
Fakultät

High-Tech-Cluster in Nordamerika

Seminararbeit zur einführenden Übung „Allgemeine Wirtschaftsgeographie"

Zum: 23. Mai 2006

Michael Baur

9. Fachsemester (Betriebswirtschaftslehre)

Inhalt

Abbildungsverzeichnis

Abkürzungsverzeichnis

Abkürzung	Erläuterung
HP	Hewlett Packard
MIT	Massachusetts Institute of Technology
PC	Personal Computer
SIC	Standard Industrial Classification
SIP	Stanford Industrial Park

1 Einleitung

Was gibt es außer Surferstränden sowohl an der Westküste als auch an der Ostküste der USA?

Nicht Strände, sondern vielmehr die berühmtesten High-Tech-Regionen der Welt erklären das große Interesse von Ökonomen und Regionalforschern, welche sich in zahlreichen Arbeiten mit dem kalifornischen Silicon Valley und der Route 128 in Neuengland befassen. Beide Regionen sind weltweit für prosperierende High-Tech-Unternehmen bekannt, wobei häufig die Frage aufgekommen ist, ob und wie die regionalen Erfolgsgeschichten andernorts reproduziert werden könnten.

Ziel dieser Arbeit ist es, Beispiele für regionale Entwicklungswege detailliert zu beschreiben und zu vergleichen, um dabei Parallelen aufzuzeigen, welche auch für andere Regionen von Interesse sein könnten. Nach kurzen Begriffsklärungen folgt eine ausführliche Analyse der Entstehung und Entwicklung des Silicon Valley und der Route-128-Umgebung. Anschließend wird im Vergleich zu einer deutschen High-Tech-Region, dem Münchener Raum, eine Untersuchung auf Entsprechungen vorgenommen, um schlussendlich Empfehlungen für Regionalentwickler abzuleiten, die „eigene" High-Tech-Zentren anstreben.

1.1 High-Tech-Industrie

Bei den meisten Autoren wird der Begriff High-Tech-Industrie anhand des den amtlichen US-Wirtschaftsstatistiken zu Grunde liegenden Klassifikationsschemas *Standard Industrial Classification* (SIC) eingegrenzt. Obwohl es manchmal Abweichungen zwischen Definitionen in verschiedenen Arbeiten gibt, werden typischerweise die folgenden SIC Codes aufgenommen[1]:

1. Computer and Office Equipment (SIC 366)

2. Electronic Components and Accessories (SIC 367)

3. Guided Missiles and Space Vehicles and Parts (SIC 376)

---

[1] Vgl. Saxenian 1995, S. 209.

4. Instruments (SIC 38)

5. Computer Programming and Data Processing (SIC 737).

Wenngleich mit diesen Abgrenzungen gewisse Probleme verbunden sind, führen auch in deutschsprachiger Literatur verfasste andere Methoden zu ähnlicher Bestimmung, die folgende Sektoren beinhaltet[2]:

1. Pharmazie/Plastik

2. Präzisionsinstrumente

3. Flugzeug-/Raketenbau

4. Elektronik

5. Computer

6. Telekommunikation

7. Elektrik.

Das Ziel dieser Seminararbeit, in welche Werke verschiedener Autoren mit eventuell leicht differierenden Definitionen einfließen, wird durch eine weitgefasste Interpretation von High-Tech als Oberbegriff nicht beeinflusst. Die dieser Arbeit zugrunde liegende Definition des High-Tech-Sektors bezieht sich daher auf Industrien, die auf hohem technologischen Niveau stehende Produkte herstellen. Der Einwand, dass möglicherweise der Begriff *Schlüsseltechnologie* adäquater sein könnte[3], kann vernachlässigt werden. Um dem im Titel dieser Arbeit verwendeten Begriff Rechnung zu tragen, wird er übergreifend verwendet.

1.2 Cluster

Michael Porter beschreibt in seinem grundlegenden Werk *The competitive advantage of nations* erstmals Cluster als regionale Anhäufungen von Unternehmen einer Branche,

---

[2] Vgl. Bathelt 1991, S. 21ff.

[3] Vgl. Bathelt 1991, S. 11ff.

die durch horizontale und vertikale Beziehungen miteinander verbunden sind[4]. Die Wettbewerbsfähigkeit eines solchen Clusters wird maßgeblich von den im berühmten *Diamanten* zusammengefassten, sich gegenseitig bedingenden Kräften bestimmt[5]:

1. Unternehmensstrategie und -struktur, Inlandswettbewerb

2. Faktorbedingungen

3. Nachfragebedingungen

4. Verwandte und unterstützende Branchen,

welche um folgende zusätzliche Einflussfaktoren ergänzt werden:

5. Staat

6. Zufall.

Obwohl mittlerweile zahlreiche Erweiterungen des Clusterkonzepts diskutiert worden sind[6], soll aufgrund des begrenzten Umfangs dieser Arbeit einzig Porters Definition erwähnt bleiben.

2 Zwei entstehende High-Tech-Cluster: Entwicklung bis in die 1980er Jahre

2.1 Die High-Tech-Schnellstraße der USA: Die Route 128

Die Verkehrsinfrastruktur der Region um Boston wird maßgeblich durch zwei konzentrische Autobahnringe geprägt. Die Route 128, welche in den 1950er Jahren als Umgehungsautobahn angelegt wurde und entlang welcher die erste konzentrierte Ansiedlung von High-Tech-Unternehmen stattfand, sowie der noch weiter außen

---

[4] Vgl. Porter 1990, S. 149.
[5] Vgl. Porter 1990, S. 132ff.
[6] Vgl. Feser 1998, S. 18ff.

liegende Halbkreis der Interstate 495, an welchem es ab den 1960er Jahren zu ähnlicher Ballung kam, sind in Abbildung 1 zu erkennen[7].

Abbildung 1: Die Region um Boston

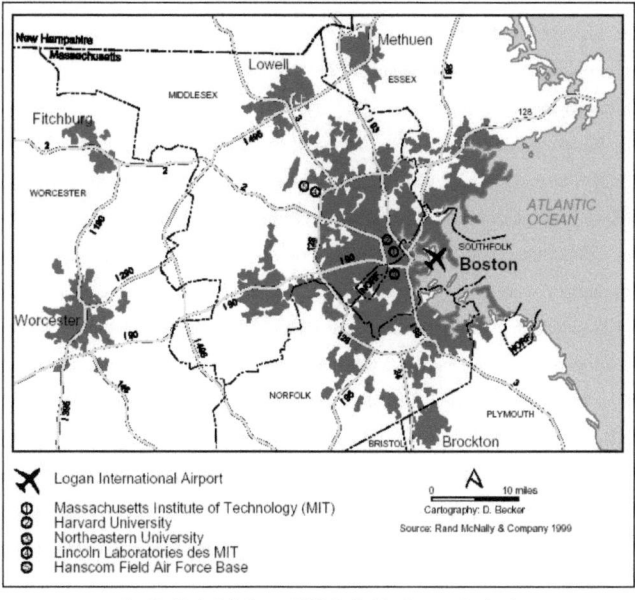

Quelle: Bathelt/Schamp 1999, S. 7:„The Boston Region"

Als in den 1930er Jahren die Region begann, zum militärischen Forschungs- und Technologiezentrum heranzuwachsen, besaß sie bereits zwei Jahrhunderte Industrietradition. Durch Abwandern der ursprünglichen Produktion von Textil- und Lederwaren an Billiglohnstandorte wuchs die Bedeutung der Herstellung von Technik und Geräten für die Textil-, Rüstungs-, Werkzeugmaschinenindustrie und später auch von Automobil- und Elektronikteilen.

Das für Bostons Entwicklung bedeutende *Massachusetts Institute of Technologie* (MIT) veranlasste ab 1918 einen ersten Technologieplan, um große Unternehmen finanziell an der Forschung zu beteiligen, und legte somit das Fundament für eine Zusammenarbeit mit den Firmen[8]. Ab den 1930er Jahren lösten die reichlich verfügbaren

---

[7] Vgl. Bathelt/Glückler 2002, S. 217.

[8] Vgl. Saxenian 1995, S. 13.

Rüstungsforschungsgelder, welche großteils an das MIT aber auch an die *Harvard University* und lokale Unternehmen flossen, eine Konzentration auf Forschung und Produktion von High-Tech sowie enormes Wachstum innerhalb dieser Branche aus. Dadurch befand sich bereits zu Ende des Weltkriegs am MIT, der *Harvard University* und den anderen lokalen Hochschulen sowie auch den industriellen Forschungszentren entlang der Route 128 der best ausgebildete technologische Arbeitskräftepool der USA, wenn nicht sogar der Welt[9].

Mit der Gründung der *American Research and Development Corporation* 1946 war zum ersten Mal *venture capital* aus öffentlicher Hand verfügbar, aus welchem unter anderem 1957 die *Digital Equipment Corporation* entsprang. Aus dieser Zeit und damit als direktes Resultat der öffentlichen Forschungsgelder entstanden zahlreiche Neugründungen und *spin-offs*, welche sich hauptsächlich in den hierfür entlang der Route 128 angelegten Industrieparks ansiedelten[10]. Durch das anhaltende Prosperieren des Technologiezentrums inklusive der neu gegründeten Firmen gewann auch privates Kapital an Bedeutung, konnte aber nicht den Einfluss staatlicher Ausgaben im Zuge des Kalten Krieges und des so genannten *spacerace* ablösen: während der 1950er Jahre flossen über 6 Mrd. US$ aus dem nationalen Rüstungsetat in die Bostoner Region, während der 1960er Jahre kamen jährlich über 1 Mrd. US$ hinzu, sodass zum Beispiel im Jahr 1962 50% des Gesamtumsatzes der an der Route 128 ansässigen Betriebe aus dem Bundeshaushalt stammte[11]. Damit war ein Großteil der im Jahr 1961 rund 24.000 Technologiebeschäftigten von den Militär- und Raumfahrtentscheidungen Washingtons abhängig[12].

Durch Rüstungseinschnitte zum Ende des Vietnam-Kriegs und die Verlangsamung des *spacerace* in den 1970er Jahren kam es zu hohen Arbeitsplatzverlusten in der Rüstungs- und Raumfahrtindustrie. Dies bedingte zusammen mit dem endgültigen Ausklingen der Textil- und Bekleidungsindustrie eine Krise, welche jedoch im Zuge des als *Massachusetts miracle* bekannten Aufschwungs durch eine stärkere Marktorientierung und Restrukturierung überwunden wurde. Insbesondere zunehmende Fokussierung auf

---

[9] Vgl. Saxenian 1995, S. 14.

[10] Vgl. Bathelt 1991, S. 79.

[11] Vgl. Estall 1963, zit. in Saxenian 1995, S. 17.

[12] Vgl. Everett 1961, zit. in Saxenian 1995, S. 16.

die Produktion von Minicomputern reduzierte die militärische Abhängigkeit deutlich[13]. Die Route-128-Region zählte im Jahr 1975 fast 100.000 High-Tech-Beschäftigte, welche „nur ein vages Bewusstsein über die Gefahr hatten, die ihnen eine Technologieregion in Kalifornien darstellte, welche bereits mehr Menschen beschäftigte und deutlich schneller wuchs "[14].

2.2   Der bekannteste Technologie-Cluster der Welt: Das Silicon Valley

Der weltbekannte Name für den in Abbildung 2 zu sehenden südlich der San Francisco Bay liegenden Bereich wurde vom Journalisten Don Hoefler geprägt. Dieser beschrieb 1971 die Entwicklungsdynamik des ursprünglichen Santa Clara Valleys unter dem vom englischen Wort für Silizium abstammenden Titel, das als halbleitendes Element Grundlage aller mikroelektronischen Bauteile ist[15].

Abbildung 2: Die Region des Silicon Valley

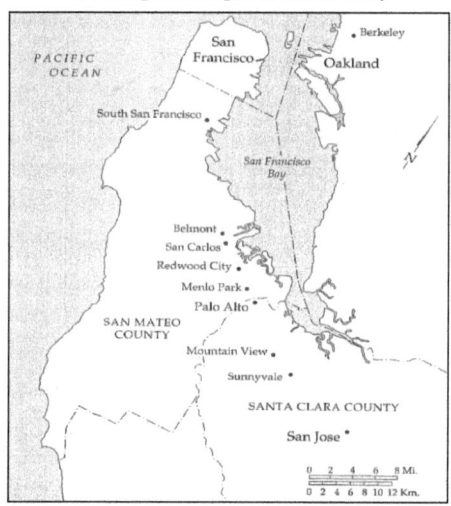

Quelle: Kenney 2000, S. 1:„The San Francisco Bay Area and Silicon Valley. (Silicon Valley is not a formal geographic area but encompasses much of San Mateo and Santa Clara counties, from San Carlos in the north to San Jose in the south.)"

---

[13] Vgl. Bathelt/Glückler 2002, S. 219.

[14] Saxenian 1995, S. 19 (Vom Verfasser der Seminararbeit erfolgte Übersetzung des Originaltextes (Ü)).

[15] Vgl. Hoefler 1971, zit. in Saxenian 1995, S. 31.

Die Technologisierung des vorher nur für landwirtschaftliche Produkte bekannten Silicon Valley geschah deutlich später als in der Bostoner Region. Es ist umstritten, ob der Boom des Tals bereits in der Gründung der *Federal Telegraph Corporation* im Jahr 1909 begründet ist[16]. Typischerweise werden die Ursprünge des Valley jedoch auf die Gründung von *Hewlett Packard* (HP) 1937 zurückgeführt[17]. Angespornt von Frederick Terman, Professor an der Stanford University, gründeten die Studenten William Hewlett und David Packard ihre heute weltbekannte Firma in einer Garage in Palo Alto, womit spätestens die rasante Entwicklung der Region eingeläutet wurde. Basierend auf kriegsbedingten Militäraufträgen an HP und weitere neu gegründete Technologieunternehmen entstand in dieser Zeit bald ein Elektrotechnikzentrum, das anfangs jedoch geringe Bedeutung im Vergleich zur auch stark von Rüstungsausgaben profitierenden Route-128-Region besaß[18].

Insbesondere nach Kriegsende bildete Termans verstärktes Engagement das Fundament für die Verwirklichung des entstehenden High-Tech-Clusters: Er bewirkte die Gründung des *Stanford Research Institute*, beteiligte Unternehmen an der Hochschulausbildung im Rahmen eines *Honors Cooperative Program* und erreichte darüber hinaus die Eröffnung des *Stanford Industrial Park* (SIP). Dies, sowie die durch seine persönlichen Kontakte zur Regierung bedingten Aufträge für die Universität und lokale Firmen, trugen zu seinem Ziel, der Schaffung eines Technologiezentrums durch Förderung der Zusammenarbeit zwischen der *Stanford University* und den benachbarten Betrieben, bei[19]. Bereits 1961 waren 25 Unternehmen allein im SIP angesiedelt und beschäftigten über 11.000 Mitarbeiter[20].

Wichtigste Errungenschaft für das Silicon Valley ist die Halbleitertechnologie. Aus der 1955 in Palo Alto angesiedelten *Shockley Transistor Corporation* ging kurze Zeit später die auf Wagniskapital gestützte *Fairchild Semiconductor Company* hervor. Diese wurde zur wichtigsten Quelle weiterer 31 Unternehmensausgliederungen im Bereich Halbleiter in den 1960er Jahren[21]. Während dieses Zeitraums entwickelte sich eine besondere Neugründungsdynamik, die auf der mittlerweile ausgezeichneten Faktorverfügbarkeit

---

[16] Vgl. Kenney 2000, S. 1ff. und Sturgeon 2000, S. 15ff.

[17] Vgl. Saxenian 1995, S. 20.

[18] Vgl. Saxenian 1995, S. 21.

[19] Vgl. Saxenian 1995, S. 23ff.

[20] Vgl. Bylinski 1976, zit. in Saxenian 1995, S. 24.

[21] Vgl. Saxenian 1995, S. 26.

sowohl an geschulten Mitarbeitern als auch an Vorprodukten sowie der zusätzlich umfangreichen Disponibilität von *venture capital* beruhte. Neben sonstigen privaten Investoren stellte sogar die *Stanford University* selbst Kapital für Firmengründer bereit. Diese „Kombination von universitärer Forschung, Militärausgaben und unternehmerischer Risikobereitschaft stimulierte eine sich selbst verstärkende Dynamik lokaler industrieller Entwicklung"[22], die dazu führte, dass im Silicon Valley (wie in Abbildung 3 zu erkennen) im Jahr 1975 mit einer Anzahl von über 100.000 erstmals die Zahl der Technologiebeschäftigten entlang der Route 128 übertroffen wurde.

Abbildung 3: Hochtechnologiebeschäftigte SV und R128: 1959-1990

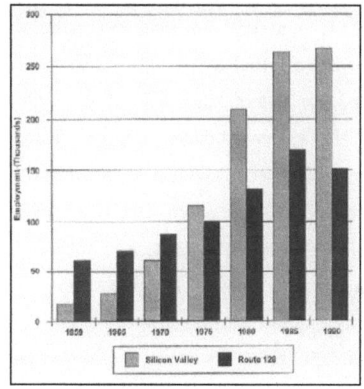

Quelle: Saxenian 1995, S. 3:„Total high technology employment, Silicon Valley and Route 128, 1959-1990. Data from County Business Patterns."

3 Verschiedene Reaktionen auf die Herausforderungen der 1980er Jahre

Sowohl die Route-128-Region, spezialisiert auf Produktion von Minicomputern, als auch die des Silicon Valley, konzentriert auf Herstellung von Halbleitern, hatten sich gegen Ende der 1970er Jahre als High-Tech-Cluster etabliert. Dennoch mussten sich beide neuen Krisen stellen, auf die sie verschieden reagierten.

---

[22] Saxenian 1995, S. 27 (Ü).

3.1   Aufkommende Konkurrenz führt zum Abschwung

Nach der revolutionären Entwicklung hin zur Minicomputer-Technologie waren die Bostoner Unternehmen nicht auf erneuten Umschwung vorbereitet. Sie setzten auf zunehmende vertikale Integration, um hohe Stückzahlen günstig und autark herstellen zu können[23]. Sie unterschätzten dabei jedoch die Konkurrenz sich etablierender 1981 eingeführter Personal Computer (PC), deren zunehmende Verdrängung der Minicomputer zusammen mit erneuter Rüstungsetatreduktion zu hohen Arbeitsplatzverlusten in der High-Tech-Produktion führte. Auch die fast 23.000 neuen Jobs durch verstärkte Beschäftigung in High-Tech-Services (hauptsächlich Software) konnten die zwischen 1987 und 1995 um rund 33% reduzierten Anstellungen in der High-Tech-Produktion nicht ausgleichen[24].

Gleichzeitig verpassten viele Unternehmen des Silicon Valley den angesichts immer günstiger werdender Konkurrenzprodukte nötigen Wandel zu standardisierter Massenfertigung anstelle teurer, individueller Lösungen für Einzelkunden. Nur wenige, wie die Firma *Intel*, etablierten sich im Zuge nun voranschreitender Konsolidierung durch Produktion von Halbleitern in höheren Stückzahlen[25]. Hierdurch kam es anfänglich immer noch zu weiterem Wachstum und neuen Beschäftigungsverhältnissen. Allerdings wurden die einstigen Stärken des Tals – besonders hohe Flexibilität, hohe Dynamik in Vermarktung neuer Techniken – untergraben, indem zunehmend Produktion räumlich von Entwicklung getrennt wurde, was essentiellen Wissenstransfer einschränkte. Schließlich übernahm japanische Konkurrenz, bekannt für in hocheffizienten Prozessen produzierte, billige, aber hochwertige Produkte, die Vorrangstellung in der Halbleiterspeicherproduktion und löste damit Ende der 1980er Jahre Abschwung im Silicon Valley aus[26].

3.2   Ungleich erfolgreiche Erholung der beiden High-Tech-Cluster

Parallel zur Entwicklung der konsolidierenden Chiphersteller im Silicon Valley entstanden neue *start-ups* im Bereich PCs und Workstations. Dies trug dazu bei, dass

---

[23] Vgl. Saxenian 1995, S. 95ff.

[24] Vgl. Bathelt/Schamp 1999, S. 13 und S. 25.

[25] Vgl. Saxenian 1995, S. 83ff.

[26] Vgl. Saxenian 1995, S. 88ff.

langfristig nach Erholung von der Krise die USA weiter die High-Tech-Branche in den Bereichen Spezialhalbleiter und Mikroprozessoren dominierten, obwohl die Massenhalbleiterproduktion nach Japan verloren war[27]. Hiermit verbunden war eine Rückbesinnung auf die eigentlichen Stärken des Tals, in dem sich das Netzwerk von konkurrierenden und dennoch kooperierenden Unternehmen nicht durch Ausnutzung von Skaleneffekten in der Produktion, sondern hohe Flexibilität und dadurch mögliche schnelle Anpassung an Dynamik und Kundenbedürfnisse auszeichnete. Insbesondere der ständige Arbeitskräfteaustausch zwischen Unternehmen ermöglichte essentiellen horizontalen Informationsfluss[28], der sich entlang der Route 128 kaum ausgebildet hatte, wo Information über Märkte und Technologien nicht systematisch mit anderen Firmen geteilt wurde[29]. Die dortige Minicomputerindustrie hatte ihre eigene Lektion über plötzlich aufstrebende Technologieneuerungen nicht gelernt und setzte daher – zu sehr nach innen gerichtet und autark organisiert, um zu bemerken, dass die Umwelt sich weiter veränderte – fortlaufend auf ein ausebbendes Produkt[30]. Dabei lag das Problem nicht in mangelnder Möglichkeit, auf wichtigere Halbleiterproduktion umzusteigen. Vielmehr wurde die in den Großunternehmen intern eigentlich verfügbare Technik ignoriert, sodass sie sich nicht wie in einem *start-up* selbständig entwickeln konnte[31].

Die später langsam auch in „der Boston-Region [einsetzende] ökonomische Erholung stand in Verbindung zu verschiedenen spezifischen Kräften, welche stark zwischen den einzelnen Untersektoren der High-Tech-Wirtschaft differieren"[32], wodurch einige Sektoren – wie zum Beispiel Minicomputer und Militärelektronik – einen Abschwung verzeichneten während andere – wie zum Beispiel Software und Biotech – wuchsen[33]. Dennoch mangelte es weiterhin an sektorübergreifender Kooperation. Im Zuge dieses Wechsels von Produktion zu High-Tech-Services, der aufgrund des weiterhin guten Technologierufs der Region und der verfügbaren hochqualifizierten Arbeitskräfte möglich war[34], setzte sich die Westküste endgültig als erfolgreichere High-Tech-Region

---

[27] Vgl. Saxenian 1995, S. 105f.

[28] Vgl. Saxenian 1995, S. 30ff.

[29] Vgl. Bathelt/Schamp 1999, S. 12.

[30] Vgl. Saxenian 1995, S. 99.

[31] Vgl. Saxenian 1995, S. 111.

[32] Bathelt 2001, S. 287 (Ü).

[33] Vgl. Bathelt/Schamp 1999, S. 13.

[34] Vgl. Bathelt/Schamp 1999, S. 26.

durch. Denn "die Silicon Valley Unternehmen führten einen kontinuierlichen Strom von hochwertigen Halbleitern, Komponenten und Softwareprodukten ein, während die Route-128-Hersteller von institutionellen und kulturellen Starrheiten gefesselt technologisch weiter zurückfielen"[35].

Aufgrund des eingeschränkten Umfangs dieser Arbeit werden die zahlreichen Datenanalysen zum Vergleich der beschriebenen Entwicklung beider Regionen[36] in Abbildung 4, welche die divergierende Tendenz eindrucksvoll belegt, nur exemplarisch repräsentiert.

Abbildung 4: Anzahl schnell wachsender Elektrofirmen SV und R128: 1985-1990

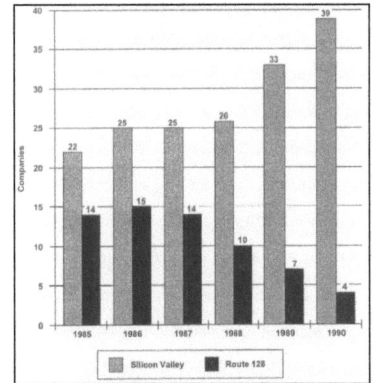

Quelle: Saxenian 1995, S. 108: „Number of fast-growing electronics firms, Silicon Valley and Route 128, 1985-1990. Data from Electronic Business."

4 Übertragbarkeit des Erfolges auf andere Regionen

Silicon Valley in Kalifornien hat sich als erfolgreichstes High-Tech-Cluster abgezeichnet, welches von Politikern und Regionalplanern andernorts analysiert wurde, um von der Erfahrung zu profitieren[37]. Ob ähnliche Erkenntnisse auch in Deutschland

---

[35] Saxenian 1995, S. 105 (Ü).

[36] Vor allem AnnaLee Saxenian beschäftigte sich mit dem quantitativen Vergleich der beiden Regionen (Vgl. Saxenian 1995, S. 1ff.), aber auch andere Autoren trugen zu dieser Analyse bei, wobei eine umfassende Aufzählung der verschiedenen Werke im Rahmen dieser Arbeit unmöglich wäre.

[37] Vgl. Malairaja 2003, S. 73.

gewonnen werden konnten, wird nun anhand der bedeutendsten einheimischen High-Tech-Region untersucht.

4.1 München als Beispiel für einen deutschen High-Tech-Cluster

Aufgrund der normalerweise länger zurückgehenden Wurzeln eines deutschen Clusters[38] ist nicht anzunehmen, dass die Münchener Region als Nachahmungsversuch des Silicon Valley konzipiert ist. Eine Analyse dieser führenden High-Tech-Region Deutschlands, von der erwartet wird, auch mittelfristig ihre Position zu erhalten[39], erscheint jedoch sinnvoll. Jene wurde nicht nur anhand qualitativerer Methoden sondern auch schon mittels eines mathematischen Modells als Cluster verschiedener High-Tech-Sektoren identifiziert[40], sodass aus eventuell bestehenden Parallelen möglicherweise Lektionen für andere, aufstrebende High-Tech-Cluster abgeleitet werden können.

Wie in den erwähnten Beispielen spielt die seit den 1960er Jahren staatlich unterstütze Rüstungsforschung in der Münchener Region eine wichtige Rolle. Das Kooperationsnetzwerk der *Ludwig-Maximilians-Universität* und anderer Forschungsinstitute mit den ansässigen größeren und kleinen Unternehmen ermöglichen den nötigen Wissenstransfer, der auch in regionsübergreifender Kooperation stattfindet und somit Isolationsprozesse verhindert. Zusätzlich charakterisieren eine dichte institutionelle Infrastruktur zur Unterstützung wirtschaftlicher Entwicklung sowie Förderprogramme für Kleinunternehmen, insbesondere für den jungen Sektor Biotech[41], den bayerischen High-Tech-Cluster; er verzeichnete die höchste Neugründungsrate technologieintensiver Kleinunternehmen Deutschlands in den Jahren 1989 bis 1996[42].

4.2 Lässt sich die Lektion verallgemeinern?

In allen genannten Beispielen tragen offensichtlich folgende Faktoren zum Erfolg bei[43]:

1. Staatliche Investitionen

---

[38] Vgl. Van der Linde 2002, S. 15.

[39] Vgl. Sternberg/Tamásy 1999, S. 375.

[40] Vgl. Brenner 2003, S. 18.

[41] Vgl. Longhi/Keeble 2000, S. 33.

[42] Vgl. Longhi/Keeble 2000, S. 41.

[43] Übersicht in Anlehnung an Bathelt 1991, S. 106.

2. Akademische Institutionen als Fortschrittträger sowie Quelle hochqualifizierter Arbeitskräfte

3. Selbständige Unternehmensneugründungen

4. Risikokapitalverfügbarkeit und allgemeine Aufschwungphase

5. Geographische Nähe als Basis von Wissensaustausch in flexibler Netzwerkstruktur

6. Regionsinterner Wettbewerb als Innovationsmotor ohne Isolation von externer Umwelt.

Bei Weiterverfolgung der hiermit erarbeiteten Implikationen für Regionalentwickler muss jedoch betont werden, dass trotz hohen Einflusses von Militärausgaben die beschriebenen Cluster nicht *top-down* geplant wurden, sondern hauptsächlich durch Marktentwicklung und private Unternehmenskultur entstanden sind[44]. Zusätzlich ist maßgeblicher Einfluss von Einzelpersonen sowie von Zufall auf die Entwicklung festzustellen. Die Clusterdynamiken waren von landesspezifischen, kulturellen, ökonomischen und technologischen Umständen abhängig. Diese müssen bei regionalpolitischen Bestrebungen adressiert und eingeplant werden, um die Entwicklung zum High-Tech-Cluster zu beschleunigen[45].

Eine Übertragbarkeit der Ergebnisse auf andere Regionen ist also nur eingeschränkt möglich und es sollte darüber hinaus klar sein, dass auch High-Tech-Regionen nicht vor Krisen geschützt sind[46].

Dennoch sind die gewonnen Erkenntnisse wertvoll, um aus den untersuchten Evolutionsprozessen für die wirtschaftliche Entwicklung positive Erfahrungen auf dritte Regionen zu übertragen[47]. Letztlich sollten Planer und Ökonomen langfristig fokussiert sein[48] und realisieren, dass „eine regionale Industriestrategie nur dann funktionieren kann, wenn sie für die spezifischen Probleme und Bedingungen der Umgebung und

---

[44] Vgl. Malairaja 2003, S. 78.

[45] Vgl. Malairaja 2003, S. 91f.

[46] Vgl. Bathelt/Glückler 2002, S. 216.

[47] Vgl. Bathelt 1991, S. 107.

[48] Vgl. Kenney 2000, S. 47.

ihrer industriellen Gemeinschaft maßgeschneidert wird"[49]. Eine Entwicklung zum High-Tech-Cluster kann nicht erzwungen werden, lediglich die Wahrscheinlichkeit der Entstehung branchenspezifischer Cluster ist beeinflussbar[50].

5 Schlussbemerkung

In dieser Arbeit sind bisher Nachteile unerwähnt geblieben, die aus einem zu schnellen, ungeplanten und unkontrollierten Wachstum resultieren können[51]. Zu möglichen negativen Folgen von Agglomeration gehören Verkehrsprobleme, Umweltbelastung sowie übersteigerte Lebenshaltungskosten[52], aber auch enormer Leistungsdruck innerhalb einer Region, der zu ungesund langen Arbeitszeiten, Drogenkonsum sowie erhöhten Scheidungs- und Burnoutraten führen kann[53]. Bei angestrebter Übertragung von Erfolgsfaktoren sollten Regionalplaner bemüht sein, von vorneherein derartige Probleme zu verhindern oder zumindest einzudämmen.

Zusätzlich sind weitere, aufgrund des eingeschränkten Umfangs der Arbeit nicht diskutierte, Erklärungsansätze für Clusterung zu beachten. Exemplarisch sei nur ein auf dem Verhalten von Einzelakteuren basierender Erklärungsansatz genannt: demnach entstehe Agglomeration schon dadurch, dass erfolgreiches Unternehmertum in einer Region weitere Personen anregt, auch Gründer zu werden, was aber meistens am Heimatstandort derselben geschieht, ohne eine völlig rationale Standortentscheidung nach am meisten Profit versprechenden Kriterien zu treffen[54].

--

(Wordcount: 2.958)

---

[49] Saxenian 1995, S. 167 (Ü).

[50] Vgl. Brenner/Fornahl 2003, S. 159.

[51] Vgl. Bathelt 1991, S. 89.

[52] Vgl. Bathelt 1991, S. 89f.

[53] Vgl. Carey/Gathright 1976, zit. in Saxenian 1995, S. 46.

[54] Vgl. Zhang 2003, S. 529ff. und Brenner/Fornahl 2003, S. 155ff.

6 Literaturverzeichnis

· Bathelt, H. (1991): Schlüsseltechnologie-Industrien. Standortverhalten und Einfluss auf den regionalen Strukturwandel in den USA und Kanada. Berlin .pp..: Springer.

· Bathelt, H. (2001): Regional competence and economic recovery. Divergent growth paths in Boston´s high technology economy. In: Entrepreneurship & Regional Development, Jg. 13, H. 4, S. 287-314.

· Bathelt, H.; Glückler, J. (2002): Wirtschaftsgeographie. Ökonomische Beziehungen in räumlicher Perspektive. Stuttgart: Ulmer.

· Bathelt, H.; Schamp, E. (1999): Technological change and regional restructuring in Boston's Route 128 area. IWSG Working Papers 10-1999. Frankfurt: Johann Wolfgang Goethe-Universität.

· Brenner, T. (2003): An identification of local industrial clusters in Germany. Papers on economics & evolution # 0304. Jena: Max-Planck-Inst. for Research into Economic Systems.

· Brenner, T.; Fornahl, D. (2003): Theoretische Erkenntnisse zur Entstehung und Erzeugung branchenspezifischer Cluster. In: Dopfer, K. (Hrsg.): Studien zur Evolutorischen Ökonomik VII. Schriften des Vereins für Socialpolitik, Band 195. Berlin: Duncker & Humblot, S. 133-162.

· Bylinski, G. (1976): The Innovation Millionaires. How They Succeed. New York: Scribner.

· Carey, P.; Gathright, A. (1985): The Silicon Valley ethic. By work obsessed. In: San Jose Mercury News, 17-18. und 20-23. Februar 1985.

· Estall, R. (1963): The electronic products industry of New England. In: Economic Geography, Jg. 39, H. 3, S. 189-216.

· Everett, C. (1961): Changing labor supply characteristics along Route 128. Research Report to the Federal Reserve Bank of Boston # 17. Boston: Federal Reserve Bank.

· Feser, E. (1998): Old and new theories of industry clusters. In: Steiner, M. (Hrsg.): Clusters and regional specialisation. London: Pion, S. 18-40.

· Fornahl, D. (2005): Changes in regional firm founding activities - a theoretical explanation and empirical evidence. Jena: Friedrich-Schiller-Universität.

· Hoefler, D. (1971): Silicon Valley - USA. In: Electronic News, 11., 18. und 25. Januar 1971.

· Kenney, M. (2000): Introduction. In: Kenney, M. (Hrsg.): Understanding Silicon Valley. The anatomy of an entrepreneurial region. Stanford: Stanford University Press, S. 1-12.

· Longhi, C.; Keeble, D. (2000): High-technology clusters and evolutionary trends in the 1990s. In: Keeble, D. (Hrsg.): High-technology clusters, networking and collective learning in Europe. Aldershot: Ashgate, S. 21-56.

· Malairaja, C. (2003): Learning from Silicon Valley and implications for technological leapfrogging. The experience of Malaysia. In: International Journal of Technology Management and Sustainable Development, Jg. 2, H. 2, S. 73-95.

· Porter, M. (1990): The competitive advantage of nations. New York: The Free Press.

· Saxenian, A. (1995): Regional advantage. Culture and competition in Silicon Valley and Route 128. 3. Auflage. Cambridge, London: Harvard Univ. Press.

· Sternberg, R.; Tamásy, C. (1999): Munich as Germany's no. 1 high technology region: empirical evidence, theoretical explanations and the role of small firm/large firm relationships. In: Regional Studies, Jg. 33, H. 4, S. 367-377.

· Sturgeon, T. (2000): How Silicon Valley came to be. In: Kenney, M. (Hrsg.): Understanding Silicon Valley. The anatomy of an entrepreneurial region. Stanford: Stanford University Press, S. 15-47.

· Van der Linde, C. (2002): Findings from the cluster meta-study. Institute for Strategy and Competitiveness, Harvard Business School. Research Institute for International Management, University of St. Gallen. Online im Internet: http://www.isc.hbs.edu [Stand 17.05.2006].

· Zhang, J. (2003): Growing Silicon Valley on a landscape: an agent-based approach to high-tech industrial clusters. In: Journal of evolutionary economics, Jg. 13, H. 5, S. 529-548.